AF457249

MANUEL POPULAIRE

POUR L'EDUCATEUR

DE VERS A SOIE

OU

RAPPORT

D'UNE ÉDUCATION

Faite en Avril et Mai 1842,

Par M. COURRECH du PONT,

ADRESSÉ

A MONSIEUR LE MAIRE DE LA VILLE DE BEAUCAIRE.

TARASCON,

De l'Imprimerie d'Élisée AUBANEL, rue du Refuge.

1843.

A Monsieur le Maire de la ville de Beaucaire.

Beaucaire, *le* 29 *août* 1842.

Monsieur le Maire,

Lorsque vous m'avez fait l'honneur de venir visiter l'éducation de vers à soie que j'ai entreprise, cette année, dans votre ville, la première de quelqu'importance (575 grammes,) qui y ait été faite dans un atelier un peu régulier, et avec le soin de peser la feuille et de tenir note de tous les frais; après avoir eu la patience d'examiner le tout avec attention et dans le plus grand détail, vous avez eu la bonté de me témoigner votre satisfaction de ce que vous avez été à même de remarquer, soit quant aux opérations, soit quant à la manière dont je tachais de m'en rendre compte, et vous avez désiré que je vous fisse connaître, par écrit, la marche suivie et les résultats obtenus.

Aujourd'hui que je connais ces résultats et que j'ai recueilli tous les renseignemens dont j'avais besoin, je viens, Monsieur le Maire, répondre de mon mieux à vos désirs; j'y suis en outre encouragé par les témoignages que j'ai reçus en même temps de Monsieur le Commissaire de police qui vous accompagnait; qui, ayant habité le Vigan, possède des connaissances spéciales dans ce genre d'industrie, et qui m'a paru partager votre satisfaction et vos désirs. J'y suis encore encouragé par l'habile agriculteur que ce pays a l'avantage de posséder, dont le cœur sourit toujours à l'aperçu d'une idée d'utilité publique, qui a bien voulu m'honorer aussi d'une visite avec un jeune et notable habitant de la ville, qui a également tout examiné avec intérêt et intelligence.

Enfin, un grand éducateur et filateur des environs de Ganges, qui m'a été présenté par un des courtiers les plus accrédités de Beaucaire, me dit en me quittant : « *lorsque l'on a une magnanerie comme celle-là il n'est* » *pas besoin d'en aller visiter d'autres.* »

Enhardi par ces divers suffrages, je prends la liberté de joindre ici, Monsieur le Maire, le rapport que vous m'avez demandé. Vous pouvez lui donner telle publicité qui vous paraitra convenable dans l'intérêt de la localité pour laquelle il est rédigé.

Veuillez agréer l'assurance des sentimens de respect et de très-haute considération avec lesquels j'ai l'honneur d'être,

Monsieur le Maire,

votre très-humble
et très-obéissant serviteur,
COURRECH du PONT.

DÉLIBÉRATION

du Conseil Municipal de la ville de BEAUCAIRE.

SESSION DE NOVEMBRE.

Séance du 11 Novembre 1842.

L'an mil huit cent quarante-deux, et le 11 novembre, à trois heures de relevée, les membres du Conseil municipal de la ville de Beaucaire, se sont réunis en session ordinaire à l'Hôtel-de-Ville, sous la présidence de Monsieur Michel, premier adjoint, en l'absence de Monsieur le Maire,

A cette assemblée étaient présents : MM. MARGAL, 2me adjoint, BRISSE, DUPUY, DASSAC, FAYN, MILLET, BLAUD, VALADIER, PUECH, BOTRELLE, VIGNAUD, CHAUVIN, et EYSSETTE secrétaire.

Le procès-verbal de la dernière séance est lu et adopté.

Monsieur le Président donne communication au Conseil d'une lettre de Monsieur Courrech du Pont, ensemble d'un rapport qui s'y trouve joint, et dont l'auteur fait hommage à la ville, contenant des procédés simples et faciles, des observations judicieuses, des aperçus lumineux et des calculs fort remarquables sur une éducation de vers à soie qu'il a entreprise et réalisée en 1842, à Beaucaire.

Le Conseil municipal, après avoir examiné dans son ensemble et dans ses détails, le travail qui lui est présenté, vote à l'unanimité, des éloges à Monsieur Courrech du Pont, et lui exprime au nom de la cité les sentiments d'une juste reconnaissance.

Et de même suite, considérant que la publicité qui pourrait être donnée à ce *rapport* serait éminemment utile à la classe nombreuse et généralement peu instruite des éducateurs de vers à soie; qu'en effet cette publicité aurait pour résultat, non-seulement de détruire des préjugés, et de faire abandonner des pratiques désavouées par la raison et par la science; mais encore d'encourager par la perspective des bénéfices moins chanceux, une branche importante de produit; enfin, de développer dans ces contrées appauvries par le fléau des inondations, un nouvel élément de prospérité publique.

Engage Monsieur Courrech du Pont, à réaliser le projet par lui formé de faire imprimer son ouvrage.

Déclare souscrire pour deux cents exemplaires à cinquante centimes chaque.

Délibère enfin que la somme de cent francs à ce nécessaire, sera prise sur les dépenses imprévues de 1843.

Ainsi délibéré les jour, mois et an que dessus.

Pour expédition :

LE MAIRE, TAVERNEL signé.

Vu et approuvé par nous Conseiller-d'État, Préfet du Gard, à Nismes, le 30 novembre 1842.

BARON DE JESSAINT signé.

Pour copie conforme :

Le Maire de Beaucaire,

MICHEL, adj.[t]

RAPPORT

D'UNE ÉDUCATION

DE VERS A SOIE

(575 GRAMMES *)

Faite à Beaucaire en avril et mai 1842.

EXPOSÉ

des Motifs de l'éducation.

EN présence des malheureuses dévastations dont le Rhône, par ses nombreux débordements, a affligé les pays voisins et surtout la plaine de Beaucaire; et de la désolation où se trouvait, par suite, la population inoccupée de cette ville, il était à craindre, en voyant approcher l'époque de l'éducation des vers à soie, que le découragement n'atteignît cette industrie, et que le revenu des mûriers, quelque minime qu'il fut, n'échappat encore aux habitants, et celui-là par leur faute. Pour sauver ce revenu, du moins en partie, il suffisait d'un exemple : j'ai

(*) 575 grammes représentent 5 hectogrammes 3/4 ou bien 23/4 d'hectogramme. Ce poids est celui de 23 pièces de 5 francs. La pièce de 5 francs pèse 25 grammes ou 1/4 d'hectogramme. Une pièce de 2 francs et une de 50 centimes pèsent 12 grammes 1/2 ou bien la moitié d'une pièce de 5 francs.

Tout ceci pour aider le lecteur qui serait peu habitué aux nouveaux poids à se faire une idée exacte de ceux qui sont indiqués dans le présent rapport.

cru devoir le donner; pour cela je me suis procuré les meilleurs auteurs qui ont traité de vers à soie. Je les ai étudiés jusqu'à ce que je me sois cru capable de diriger moi-même une éducation de quelqu'importance. Je me suis procuré un vaste local. Je l'ai disposé de manière à le rendre salubre et suffisant pour 575 grammes d'œufs. J'ai acheté la quantité de feuille que j'avais besoin de joindre à la mienne, les œufs qui m'étaient nécessaires, et m'étais assuré une magnanière à gages; enfin toutes les dispositions étaient prises, lorsque s'est présentée la femme Randon de Valleraugue, que j'avais vue pendant les trois années précédentes soigner, avec son mari et sa nombreuse famille, une éducation à peu près semblable dans le même local, et qui y avait renoncé cette année. Elle était venue me proposer des œufs de vers à soie. Je lui dis que j'en étais pourvu et lui montrai toutes les dispositions que j'avais faites. Elle me proposa alors de faire l'éducation de compte à demi, j'acceptai. Son mari s'empressa de ratifier nos conditions et vint, peu de jours après, signer l'accord dont les bases étaient, que tous les frais quelconques seraient payés de moitié, compris le loyer du local de 150 francs, et le prix de toute la feuille fixé à 3 francs les 50 kilo^{mes} prise sur l'arbre, tant de la mienne que de celle achetée; que le produit des cocons serait partagé aussi par égales portions : ainsi toute la feuille a dû être pesée et les frais exactement notés.

Nous nous sommes entendus pour la direction; ce qui m'a mis à même de comparer les préceptes de mes livres avec la marche de mes associés magnaniers, que j'ai laissé agir suivant leurs principes accoutumés; parce que je les avais toujours vu réussir.

Le tout ainsi convenu, je remis à la magnanière ma portion d'œufs ou graine (expressions synonymes) en ayant toutefois retenu 50 grammes qui, joints à 25 grammes de la sienne, formaient 75 grammes que j'ai voulu faire éclore moi-même au moyen d'une petite boîte double, en fer blanc, connue sous le nom de *couveuse hydraulique*, dont il serait long et hors de mon sujet de faire ici la description; je me bornerai à dire qu'au moyen de cette ingénieuse invention venue d'Anduze, (Cévennes,) l'on peut faire éclore à la fois dans trois tiroirs pratiqués dans l'intérieur, 600 grammes de graine. J'y ai fait éclore mes 75 grammes, en suivant de point en point pour la température, les indications du Comte Dandolo.

En même temps la magnanière *faisait* éclore ses 500 grammes, en employant la chaleur humaine suivant son usage auquel elle tient par - dessus tout. Et, chose remarquable, c'est que l'éclosion a eu lieu à peu près dans le même laps de temps et de la même manière.

Partout le thermomètre servait de régulateur.

La mise à couver a eu lieu le 14 avril par un temps froid et pluvieux, l'éclosion a commencé le 22 et s'est terminée le 25. J'avais quatre parties de graine d'origine différente; ce qui a été cause que l'éclosion n'a pas été simultanée.

Les vers ont été ensuite mêlés et l'éducation générale a commencé le 25 avril.

Nous jugeames que si, dans une aussi grande entreprise, tous les vers marchaient ensemble, ils arriveraient à la fois à la grande frèze ou 5me age, qu'alors nous nous trouverions surchargés d'ouvrage, soit pour donner les repas, soit pour placer la bruyère, et que nous éprouverions trop d'inquiétude, si la pluie survenait les jours où il nous faudrait ramasser une très-grande quantité de feuille; les premiers vers éclos furent donc mis à part; ce qui a formé deux éducations.

Tout a marché ensuite à peu de chose près, suivant les indications de Dandolo, parceque les magnaniers habiles et soigneux suivent, sans s'en douter, les préceptes de ce célèbre éducateur. Préceptes que j'ai résumés dans le cadre N.° 1 ci-joint. Je l'ai abrégé autant que j'ai pu, pour ne pas fatiguer par des détails inutiles; ce qui me dispense de m'étendre ici davantage sur cette éducation dont je n'ai plus qu'à présenter le compte des frais et celui des produits : j'ai réuni ces comptes dans le cadre N.° 2 également ci-joint, qui termine le présent rapport, lequel n'a d'autre but que de porter à l'éducation de vers à soie, la population peu ou point occupée de Beaucaire et des environs.

L'éducation dont je rends compte, qui m'a pris un mois et demi de temps, et celles exécutées par les mêmes magnaniers en suivant la même marche avec le même succès, pendant les trois dernières années, à Beaucaire et à Aigues-mortes, m'ont démontré combien ce climat est favorable aux éducations de vers à soie; ce qui s'explique en considérant que le froid ne s'y fait presque plus sentir à la mi-avril, époque où ces éducations commencent; qu'il n'y fait pas encore bien chaud à la fin de mai, époque où elles se terminent, et qu'il y pleut rarement dans cet intervalle.

Il m'est également démontré que la feuille des mûriers qui croissent dans ce pays, produit des cocons d'aussi bonne qualité que ceux des Cévennes, puisque le filateur qui nous a acheté ceux de cette année, le même qui, les années précédentes, a acheté ceux de mon associé, m'a fait les conditions qu'il lui a toujours faites, *de les payer au plus haut prix des marchés d'Uzès*, jusques à un jour convenu, qui, cette année, a été fixé au 12 juin.

Ainsi, à Beaucaire comme à Aiguesmortes, et par suite dans cette vaste plaine, tout est encourageant pour l'éducateur de vers à soie; on peut compter sur les meilleurs résultats pourvu qu'on se conforme exactement aux préceptes de Dandolo, surtout à ceux relatifs à la température de l'atelier pour la couvaison et pour les premiers ages.

Le Thermomètre est l'ame du magnanier :

Deux voisins soigneux se sont faits, cette année, éducateurs comme moi; ils ont fréquenté notre chambrée, ils ont acheté de la magnanière chacun 50 grammes de graine dont elle a soigné l'éclosion suivant sa méthode; ils ont observé et imité sa marche, pris et suivi ses conseils. Deux habitants de Bellegarde en ont fait autant (ceux-ci chacun pour 25 grammes seulement). Tous ont été esclaves du thermomètre et tous ont réussi mieux encore que nous, quoique les saisons aient été peu favorables à cause des froids que nous avons éprouvés en débutant et de la chaleur qui est survenue après le 4me âge.

D'un autre coté, de malheureux éducateurs sont souvent venus se plaindre que leurs *magnans* allaient mal, qu'ils ne mangeaient pas, qu'ils mouraient. On leur demandait s'ils se servaient de thermomètre, nous ne nous en sommes jamais servis, répondaient-ils : nous jugeons la température de notre atelier par la sensation du froid où du chaud que nous éprouvons nous-mêmes lorsque nous y sommes; un boulanger a eu la naïveté d'ajouter qu'il ne comprendrait pas l'utilité d'un thermomètre pour lui; attendu qu'il avait la magnanerie sur son four, où il faisait toujours chaud. Que répondre à cela? l'on ne peut que déplorer!

Quelques hommes disent, *cela regarde les femmes.*

Où en serait cette grande et belle industrie, qui enrichit tant de localités, si partout les hommes pensaient ainsi? où en serait-elle si Dandolo, de Sauvages qui l'a précédé, les Darcet, Camille Bauvais et Bonafous, qui l'ont suivi, avaient dit, *cela regarde les femmes.*

Que dirait le bon Olivier de Serres, qui s'est occupé le premier, il y a 250 ans, avec autant de persévérance que de succès de propager la culture du mûrier, encouragé par Henri IV, qui ordonna qu'il en fut planté dans son jardin à Paris? que diraient ce grand roi et ce père estimable de notre agriculture s'il entendait dire aujourd'hui que l'éducation des vers à soie *regarde les femmes?*

Que l'on parcoure les Cévennes et la partie du Languedoc, où l'on élève aussi avec soin les vers à soie, l'on verra si dans ce pays, les hommes ne s'empressent pas de seconder dans cette occupation, les forces délicates des femmes.

Dans cette partie du Languedoc, un grand général retiré du service par suite d'honorables blessures et fixé sur ses riches domaines entourés de mûriers, ne dédaignait pas, quand la saison arrivait, de remplacer par un frac léger, son habit couvert de broderies et de décorations, pour se livrer à la direction des soins à donner à ses vers à soie, ce qui faisait dire à l'un de ses anciens aides de camp: « le général passe aujourd'hui ses *magnans* en revue » comme il y passait autrefois ses régiments, avec le

» même zèle et avec le même gout. » Ce brave général ne disait pas *cela regarde les femmes;* la sienne cependant s'en occupait aussi et avec autant de zèle, ainsi que ses trois jeunes filles. On les voyait aux heures voulues, se débarrasser également de leurs longues robes pour aller donner les répas à leurs intéressants vers à soie. Il s'agissait d'environ 300 grammes.

Il faut convenir que les femmes ont en général plus de goût, d'adresse et d'intelligence pour les soins qu'exigent les vers à soie; il est donc bien qu'elles s'en occupent, cela est même nécessaire; car, afin qu'une éducation soit facile et réussisse, il faut que mari, femme, enfants et domestiques (tous conduits par un seul chef) y apportent chacun son tribut d'intérêt et de travail; mais, pour que cela soit ainsi, il faut que chacun ait en perspective une portion plus ou moins grande du profit avec pleine liberté de l'employer à son gré; dès lors chacun prend la chose à cœur et se prête à tout avec empressement.

Mon associé magnanier encore peu âgé, ainsi que sa femme, a 11 enfants (5 garçons et 6 filles dont la plus jeune à 12 ans); presque tous ont successivement été à Beaucaire, je les ai toujours vus pleins de zèle et d'activité, et il n'est jamais venu dans la pensée du mari ni d'aucun des garçons, que les soins d'une magnanerie *regardent les femmes.*

Ainsi, que les hommes et les femmes de Beaucaire s'entendent pour s'occuper de vers à soie et l'on verra bientôt l'aisance de la population s'améliorer; l'on ne tardera pas à sentir qu'il faut planter des mûriers sur les terrains où l'olivier dépérit, sur ceux où la vigne est sans produit, comme sur cette triste plaine tant de fois inondée, où l'on ne voit que des sables et des graviers désespérants.

Partout on ferait des trous suivant la nature du terrain, on y planterait des sujets de belle venue dont la vigueur, au moyen de bonnes cultures et de quelques transports de terres, assurerait le développement. On apprendrait à les tailler, tous les ans, immédiatement après la cueillette de la feuille, en laissant l'intérieur garni de jets et en empêchant les branches de trop s'étendre et de trop s'élever.

On aurait en même temps l'attention pour les vieux arbres, d'éprouver les branches afin d'élaguer ou de bien étayer celles qui peuvent faire courir quelque danger aux personnes qui, pour la cueillette, sont forcées de se placer dessus.

La population Beaucairoise qui n'a pas de journée fixe, pourrait se livrer avec d'autant plus de facilité à l'éducation de vers à soie, qu'elle possède en général de grands locaux bien aérés, qui ne lui servent que pour la foire, c'est-à-dire pendant le mois de juillet, et qu'elle n'en aurait besoin, pour les vers à soie, que depuis la mi-avril jusques à la mi-juin au plus tard, ce qui serait une augmentation de loyer.

Que l'on ne dise pas que les vers à soie salissent les appartements, ce serait une grande erreur. Une éducation bien conduite ne laisse après elle ni odeur ni malpropreté. Cet insecte si précieux n'exhale par lui-même aucune espèce de miasmes. La feuille dont-il se nourrit répand au contraire une odeur agréable.

Bien que j'aie tenté et réalisé une assez grande éducation, je n'oserais la conseiller pour un début. Elle exige trop de local, trop de bras, trop d'attentions, expose à trop de frais et cause trop de soucis.

Je ne conseillerais pas non plus des constructions spéciales pour des magnaneries, l'on s'exposerait à ne pas retrouver l'intérêt des frais que ces constructions occasionneraient; mais il conviendrait que chaque propriétaire d'une maison où se trouve un espace libre et convenable, commençat par l'approprier pour 25 ou 50 grammes, sauf à l'étendre ensuite à mesure qu'il acquerrait plus de goût, d'expérience, d'instruction et de succès.

De toutes les variétés d'œufs que j'ai employées, celle des Cévennes produisant des cocons blancs, est celle qui m'inspire le plus de confiance. Cette graine venue et préparée dans un pays plus froid que le nôtre, renfermerait-elle des germes ou embryons plus vigoureux? c'est ce que je ne puis affirmer, mais cela pourrait être.

J'ai éprouvé aussi de la satisfaction des œufs Milanais qui produisent des cocons roux, petits et resserrés dans leur milieu : ils sont en général très-durs; ce qui annonce de la vigueur dans les vers ; à nombre égal, ils pèsent moins que ceux des Cévennes; mais ils valent davantage pour le filateur.

Voici maintenant les deux cadres que j'ai annoncés.

Le premier présente le résumé des préceptes de Dandolo, pour une éducation de 25 grammes d'œufs.

Le second présente le compte des frais faits et des produits obtenus.

CADRE N° 1.

RÉSUMÉ

Des préceptes indiqués par M. le Comte Dandolo *pour une éducation de* 25 *grammes d'œufs.*

Ces préceptes se rattachent à 9 considérations principales, (toujours pour 25 grammes.)

savoir :

1° La disposition de l'atelier et de l'étuve.

2° L'espace nécessaire.

3° La température.

4° Les soins à donner à la feuille.

5° La distribution des repas et la quantité de feuille consommée.

6° Le délitement.

7° Le placement de la bruyère.

8° Le décoconage.

9° La préparation des œufs pour l'année suivante.

1° Disposition de l'atelier pour la salubrité, et de l'étuve.

D'après ce que rapporte M. Dandolo de son atelier, l'on s'aperçoit que le constructeur s'est attaché à disposer les ouvertures consistant en des fenêtres et des soupiraux, de manière à pouvoir les ouvrir ou les fermer à volonté, afin de favoriser on empêcher suivant les besoins, l'introduction de l'air extérieur. Il a placé des soupiraux aussi bas et aussi haut que possible pour établir, en ouvrant et fermant à propos ces soupiraux, une ventilation naturelle qui tempère la chaleur lorsquelle est trop forte, et renouvelle l'air lorqu'il est trop sec, trop humide ou bien, vicié. (1)

L'on se sert d'un thermomètre pour régler les degrés de froid ou de chaud, d'un hygromètre pour les degrés de sécheresse ou d'humidité. L'odorat suffit pour indiquer si l'air est vicié.

Un thermomètre ordinaire à l'esprit de vin, ne coute que 1 franc 25 centimes; on s'assure de sa bonté en le comparant avec un déjà éprouvé.

Je n'ai vu personne se servir d'hygromètre dans ce pays où l'air des appartements élevés est rarement assez humide pour nuire aux vers. Le sel pilé peut y suppléer. On remédie à l'humidité au moyen de feux de flamme ou de chaux vive qu'on dépose dans plusieurs endroits de l'atelier.

On remédie à la trop grande sécheresse en arrosant, ou bien en étendant des linges mouillés, ou en plaçant des vases pleins d'eau, en ayant soin que l'eau employée soit toujours aussi fraîche que possible.

On chasse les miasmes par une bonne ventilation et par l'emploi de chlorure. (Voir Dandolo pour les détails de tous ces moyens, comme pour les maladies dont il serait trop long de nous occuper ici.)

Quant aux soupiraux placés au faîte du toit, sans lesquels il ne peut y avoir de bonne ventilation, je me suis bien trouvé de simples ouvertures auxquelles on a adapté des tuyaux en terre cuite de 20 à 25 centimètres de diamètre, tels qu'on les fait à Beaucaire, à forme un peu conique, avec des fermetures mobiles composées de deux planches rondes ou à pan-coupé clouées ensemble, la supérieure débordant le tuyau pour lui servir de chapeau, celle de dessous y entrant à l'aise pour assujétir la fermeture. Au centre de ces deux planches est ajustée une perche ou sorte de manche qui descend dans l'atelier jusques à la portée de l'homme ou d'une petite échelle. Ce manche est terminé en pointe; l'on met cette pointe dans un piton placé assez haut, au mur le plus rapproché, pour tenir le bouchon soulevé et le tuyau ouvert. Ces ouvertures doivent donc être, autant que possible, auprès de quelque mur.

Ces soupiraux au toit, correspondant avec ceux placés au plancher, tous convenablement multipliés, suffisent pour assurer toute la ventilation nécessaire dans un pays où l'éducation est presque toujours terminée, ainsi que je l'ai déjà fait observer, lorque les grandes chaleurs arrivent.

Le tuyau en terre coûte 1 franc, le bouchon et le manche à peu près autant; ainsi pour 3 francs, compris les frais de placement du tuyau, on doit obtenir un soupirail au toit; ceux du plancher ne doivent coûter guère plus : voilà pour la ventilation dans le cas de trop de chaleur.

Quant aux moyens de rechauffer l'atelier, le plus simple est l'emploi des poêles alimentés avec du charbon de pierre. Il ne faut pas craindre de les multiplier selon la grandeur de l'atelier, afin que toutes les parties soient également rechauffées; il est facile de s'en procurer dans un pays, où à l'époque des vers à soie, l'on n'a plus besoin de poêles dans les appartements.

Pour faire passer les tuyaux des poêles au-dessus du toit, on peut profiter des ouvertures pratiquées pour des soupiraux; pour cela on enlève momentanément les bouchons.

De même on se débarrasse des poêles, dès qu'on juge que l'on n'en aura plus besoin à cause de l'arrivée des chaleurs, de cette manière les soupiraux placés au toit, servent lorsqu'il faut rafraichir l'atelier et lorsqu'il faut le réchauffer.

Pour ce qui est des fenêtres, il en faut pour donner du jour et quelquefois pour donner de l'air. Les dispositions dans lesquelles se trouve le local dont on veut faire une magnanerie, indiquent comment on peut distribuer les ouvertures.

M. Dandolo propose des jalousies au-dehors et des chassis de papier au-dedans. Si l'on a des contrevents déjà établis, je crois que l'on peut éviter les frais des jalousies, en ayant un double chassis, un en papier et un en toile claire : on place ce dernier lorsqu'on désire un air modéré.

Voilà tout ce que je crois devoir dire pour la disposition du local destiné à l'éducation.

De l'étuve.

Il est un autre petit atelier que M. Dandolo apelle l'étuve, réservé pour préparer et obtenir l'éclosion. Le sien n'a qu'environ onze pieds en longueur, en largeur et en hauteur. On pourrait, dit-il, y faire naître 5 kilogrammes de graine si on le voulait.

Il y a un poêle isolé, non de fer parce qu'on ne pourrait pas bien le régler, mais en briques minces.

Cette chambre doit être bien sèche, il doit y avoir un soupirail dans le milieu du plancher pour tempérer la chaleur, dans le cas où elle se trouverait au-dessus du degré indiqué. Il doit y avoir aussi une fenêtre vitrée pour éclairer. « C'est une erreur populaire (ajoute M. Dandolo,) » de croire que la lumière ne vivifie pas les vers à soie, » comme cela a lieu pour tous les autres êtres vivants.

» La lumière n'incommode le ver à soie que lorsqu'il est » devenu un animal parfait, c'est-à-dire, papillon. »

Je crois cependant, qu'il convient de ne pas exposer les vers à soie à une trop grande clarté, encore moins aux rayons du soleil.

Maintenant comment conseiller à de petits éducateurs de faire les frais d'une étuve telle que l'indique M. Dandolo? Ces frais seraient trop élevés; cependant l'éclosion est un point des plus importants, celui dont l'éducateur doit s'assurer avant tout; et l'étuve est le meilleur moyen à employer; après celui-là je conseillerais la couveuse hydraulique dont j'ai déjà parlé; enfin la chaleur humaine, mais ce dernier exige des précautions et des attentions si minutieuses, qu'elles ne sont pas à la portée de tout le monde.

Le mieux serait qu'un éducateur soigneux et éclairé, ou bien l'autorité, fit les frais d'une bonne étuve, et qu'il y admit, à des conditions raisonnables, toutes les couvées du pays. Voir comment s'expliquent sur cet important sujet MM. Dandolo et Frédéric de Boullenois. (2)

2° Espace pour 25 grammes.

M. Dandolo indique, savoir : pour le premier âge, une surface de 80 centièmes d'un mètre carré; — pour le 2me, 1 mètre 60 centimètres, — pour le 3me, 4 mètres, — pour le 4me, 9 mètres, — pour le 5me, 20 mètres.

Je crois qu'il faudrait 24 à 28 mètres pour ce dernier âge selon la réussite. *Plus les vers à soie sont à leur aise*, dit Dandolo, *mieux ils mangent, digèrent, respirent, transpirent et reposent.*

Les claies superposées l'une au-dessus de l'autre, doivent être à 60 centimètres de distance.

3° Température.

La température de l'étuve pendant la couvaison, qui doit durer 12 jours, doit être, SAVOIR : de 14 degrés (Réaumur), pendant les 2 premiers jours, — de 15, le 3me, — de 16, le 4me, — de 17, le 5me, — de 18, le 6me, — de 19, le 7me, — de 20, le 8me, — de 21, le 9me, — et de 22, les 3 derniers jours.

Il ne faut jamais laisser la température de l'étuve se refroidir avant l'éclosion; mais dès qu'elle est terminée on peut la laisser baisser à 19 degrés, si l'on y conserve une partie de vers à soie.

Telle est la température qui convient à ces insectes peu après leur naissance.

Si la saison devenait froide au point de ralentir le développement de la feuille, il faudrait gagner quelques jours en laissant graduellement baisser le thermomètre jusques à 17 degrés et même à 16, toutefois pas au-dessous, pour le premier âge; mais en temps ordinaire on doit le maintenir à 19 degrés pour le premier âge, c'est-à-dire, jusques à la 1re mue. — De 18 à 19, jusques à la 2me. — De 17 à 18, jusques à la 3me. — De 16 à 17, jusques à la 4me. — De 16 à 16 1/2, ensuite.

Un des principaux fondements de l'art d'élever les vers à soie, ajoute M. Dandolo, c'est de connaître et de fixer les divers degrés de chaleur dans lesquels ils doivent vivre selon leur âge. Si l'on n'observe rigoureusement ce précepte, on n'opérera jamais avec précision.

4° Soin de la feuille.

La feuille placée à l'ombre et dans l'obscurité, dit encore Dandolo, exhâle un air méphitique et mortel; au soleil et à la lumière, elle dégage l'air vital le plus pur qui existe.

Or, afin que la feuille dégage cet air méphitique et conserve l'air pur jusques au moment où le ver s'en nourrit, il faut avoir l'attention de la tenir à l'ombre et dans l'obscurité : le lieu où elle est déposée doit être frais pour qu'elle ne sèche pas, et fermé afin que l'air n'y circule pas; elle ne doit point être amoncelée, surtout lorsqu'elle est encore tendre.

Il faut éviter de donner aux vers la feuille mouillée, même humide, dans les 4 premiers âges, ainsi qu'au 5me, à moins qu'ils ne fussent très-vigoureux; dans lequel cas on pourrait la leur donner quoiqu'elle ne fut pas bien ressuyée, c'est du moins l'avis de quelques éducateurs des Cévennes; mais ce n'est pas celui de M. Dandolo. Il convient donc de la cueillir autant que possible avec le soleil et sept à huit heures avant de la servir aux vers. Si on est obligé d'en cueillir de mouillée, il faut, dit-il, avant de la donner, la sécher par les divers moyens qu'on a en son pouvoir; pour cela on la remue avec une fourche de bois, en la faisant sauter en l'air; on la fait mouvoir d'un bout à l'autre d'un drap, que deux personnes tiennent par les 4 coins; on la place devant un feu; chacun enfin doit faire ce qu'il peut pour qu'elle ne soit pas mouillée lorsqu'on la distribue; dut-on laisser jeûner les vers quelques heures.

La survenance de la pluie, lorsqu'il faut cueillir la feuille est un inconvénient du métier : des approvisionnements pour un ou deux jours, sont une bonne précaution pour peu qu'on ait des craintes, surtout si l'on a un local convenable pour en entreposer une quantité. Ce local devrait être pavé en briques. La feuille s'essuie plus sur un tel pavé qui pompe l'eau mieux que tout autre.

Tout ce qui précède concernant la feuille mouillée est selon l'opinion de M. Dandolo. M. Robinet, professeur distingué du cours d'industrie de la soie à Paris, et directeur de la magnanerie modèle départementale à Poitiers, pense au contraire que l'on peut donner aux vers sans inconvénient de la feuille mouillée, pourvu que l'on ait soin, en pareil cas, de bien aérer l'atelier et d'y allumer des feux de flamme; il croit même que l'emploi de la feuille mouillée pourrait préserver les vers de la muscardine, qui doit être, dit-il, le résultat de l'extrême sécheresse qui règne souvent dans les contrées méridionales, (*voir le propagateur de l'industrie de la soie en France, septembre et octobre* 1842.) Il faut avoir le soin aussi, dans ce cas, d'enlever la litière le plutôt possible pour prévenir la fermentation.

Enfin; que la feuille, lorsqu'elle arrive, soit mouillée ou qu'elle ne le soit pas, il convient de l'étendre aussitôt en la remuant dans les bras, afin de lui faire prendre l'air, surtout si elle a été cueillie avec la chaleur.

La feuille chaude peut faire le plus grand mal aux vers; celle qui est échauffée au point d'avoir une odeur d'aigre, est mortelle.

5° Quantité de feuille consommée,
Distribution des repas.

M. Dandolo dit qu'il résulte des comptes faits avec la plus grande exactitude, que la quantité de feuille tirée de l'arbre, qu'on a consommée pour chaque 25 grammes d'œufs, s'élève à 804 kilogrammes 750 grammes (*) partagées comme suit, SAVOIR :

(*) Pour me conformer à la loi, j'ai été obligé de convertir en poids métriques ceux énoncés par M. Dandolo.

1er âge, feuille mondée (*)		3 kilogram.	
2me	id.	9	
3me	id.	30	
4me	id.	90	
5me	id.	549	
Total, feuille mondée, consommée pour 25 grammes d'œufs.		681 k.	
Epluchures,		71	250 gr.
Évaporation et autres pertes après la cueillette,		52	500
Total de la feuille tirée de l'arbre,		804 k.	750 gr.

Distribution de cette quantité de feuille aux jours de chaque âge, en prenant pour base la division qu'a faite M. Dandolo pour 125 grammes, SAVOIR :

1er AGE, toujours pour 25 gr. d'œufs.

1er Jour 4 repas, à 6 heures d'intervalle, *feuille tendre coupée très-menue et bien mondée, petite quantité au 1er repas augmentant les autres à mesure,*			0 k.	375 gr.
2me jour	id.	id.	0	600
3me jour (*ce jour les vers sont plus voraces; il faut examiner comment ils mangent et distribuer les repas en conséquence.*)			1	200
4me jour (*leur appétit diminue, même observation.*)			0	700
5me jour	id.	id.	0	125
Total de la feuille consommée pour le 1er âge.			3 k.	000 gr.

(*) Monder la feuille c'est la séparer des épluchures telles que mures, queues, bois, etc.

2me AGE.

1er jour, petits rameaux au moyen desquels on déplace les vers et qui leur servent de 1er repas,	0 k. 900 gr.
Feuille mondée et coupée menu, distribuée en 3 repas,	0 900
Total pour le 1er jour,	1 800
2me jour, mondée et coupée menu,	3
3me id. (*les deux premiers repas doivent être les plus abondants*,	3 300
4me id. id. id.	0 900
Total de la feuille consommée pour le 2me âge,	9 k. 000 gr.

3me AGE.

Il n'y aurait rien à craindre quand on laisserait écouler 24 ou 30 heures et même plus, à compter du moment où les vers se sont éveillés, pour attendre que presque tous le soient.

A cet âge nous avons cessé de couper la feuille, malgré que nous eussions fait construire pour cette opération, une petite machine dont nous nous sommes bien trouvés, consistant en une caisse en bois, au bout de laquelle est un petit entonnoir en fer-blanc par où, en la poussant avec la main gauche, on fait passer la feuille qui, à mesure qu'elle sort, est coupée par un couteau attaché à la machine, lequel on fait mouvoir avec la main droite : l'on peut s'adresser au menuisier Gerbaud de Beaucaire, pour plus amples informations; elle nous a coûté 30 fr. Un plan que j'ai trouvé dans l'ouvrage précieux de M. Mathieu Bonafous, publié en 1840, sous le titre de *traité sur l'éducation des vers à soie*, etc., m'a donné l'idée de cette machine.

Ainsi, au 3me âge, il faut, savoir :

1er jour, petits rameaux,	1 k.	500 gr.
Feuille mondée et coupée un peu moins menu,	1	500
Total pour le premier jour,	3	000
2me jour, les deux premiers repas doivent être moindres,	9	
3me id. id.	9	800
4me L'appétit des vers diminue,	5	400
5me id.	2	800
Total de la feuille consommée pendant le troisième âge,	30	000

4me AGE.

1er jour; petits rameaux,	3 k.	700 gr.
Feuille mondée et coupée grossièrement dont trois k. pour remplir l'intervalle des rameaux et autres trois k. après la consommation des premiers,	6	
Total pour le premier jour,	9	700
2me jour, les deux premiers repas plus petits, le dernier des 4 le plus grand,	16	500
3me id. id. id.	22	500
4me id. mondée et non coupée ce jour-là; les trois premiers repas d'environ 7 k. 50 gr. chacun,	25	500
5me id. le premier repas doit être le plus grand; une grande partie des vers s'endorment,	12	800
6me id. distribuée suivant le besoin,	3	
Total de la feuille consommée pendant le quatrième âge,	90	000

5me AGE.

1er jour, rameaux ou feuille non mondée pour premier repas, 9 k.

Feuille mondée en 2 repas, à 6 heures d'intervalle, 9

Total du premier jour, 18 k.

Cette journée commence après midi d'après le systême de M. Dandolo.

2me jour, feuille mondée, 4 repas, le premier, le plus petit, de 5 k. 200 gr. le dernier, le plus grand, de 9 k. 700 gr. en tout 27

3me id. feuille mondée, premier repas 7 k. 700 gr. le plus petit; le dernier 12 k. le plus grand, en tout 42

4me id. id. premier repas 12 k., dernier repas 15 k., en tout 54

5me id. id. premier repas 15 k., dernier repas 21 k., quelque repas intermédiaires, en tout, 81

Il faut déliter aujourd'hui ou demain matin.

6me jour, feuille mondée distribuée en 4 repas, le dernier plus copieux, 97 500

7me id. id. le premier repas doit être le plus grand; les autres doivent aller en diminuant; on verra s'il convient de donner quelques repas intermédiaires, 90

8me id. id. en 4 repas, le premier, le plus grand 21 k.; donner quelques

A reporter, 409 k. 500 g.

Report,	409	k. 500
petits repas extraordinaires	66	
9me jour, id. distribuée selon le besoin.	49	500 gr.
10me id. id.	24	

Total de la feuille consommée pendant le 5me âge, *toujours pour* 25 *gr. d'œufs.* (*) 549 k. 000 gr.

« Ici M. Dandolo dit : dans un atelier bien construit, on » n'a pas à craindre les variations atmosphériques, qui » dans ces derniers jours seraient fatales aux vers.

« Depuis que j'élève des vers à soie, ils ont été exposés » à toute sorte d'intempéries et à tous les accidents qui » pouvaient leur être très-nuisibles; cependant ma manière » de les élever a été telle, qu'il ne m'est jamais rien ar- » rivé qui ait nui à leur santé et à leur vigueur. »

Je profite de cette citation pour engager les personnes qui voudront se livrer à l'éducation des vers à soie, à lire l'ouvrage de M. le comte Dandolo; elles y trouveront des instructions précieuses, pour tous les cas, des moyens de garantir les vers de tous les accidents et de s'assurer par là le meilleur succès de l'opération.

Il recommande la plus grande attention pour mettre les œufs à couver au moment convenable, afin qu'il concorde avec le développement de la feuille.

Si l'éclosion a lieu trop tôt, la feuille se trouve moins nourrissante, moins développée et on en consomme beaucoup plus. Si elle a lieu trop tard, le ver trouve la feuille dure quand il la lui faudrait tendre, il ne peut alors s'en nourrir qu'avec difficulté et sa vigueur en souffre.

(*) On conçoit que l'on pourra maintenant, augmenter ou diminuer toutes ces diverses quantités de feuille, suivant la quantité d'œufs que l'on aura fait éclore.

Si après l'éclosion l'on s'aperçoit que la feuille est retardée, comme cela nous est arrivé cette année, il convient de retarder également un peu les vers, en les tenant dans une température moins élevée et en leur donnant un peu moins à manger pendant qu'ils sont encore jeunes.

Si au contraire la feuille est avancée, il faut presser le développement des vers en employant les moyens contraires, toujours en observant que les changements de température soient sagement gradués.

6° Délitement.

Le 1er délitement doit avoir lieu le premier jour du second âge, au moment ou presque tous les vers sont éveillés, qu'ils remuent la tête ou qu'ils la tiennent droite. On doit toujours commencer par les parties où l'on voit que le mouvement des vers est plus grand.

Le 2me délitement doit avoir lieu le premier jour du troisième âge.

Le 3me le premier jour du quatrième âge.

Le 4me le premier jour du cinquième.

Le 6me ou avant-dernier, dès que beaucoup de vers sont prêts à monter, il faut un peu plus de soins pour celui-là.

Le 7me et le dernier s'opère lorsque le bois est retiré.

Du temps de M. Dandolo, l'on ne connaissait pas tous les moyens, plus ou moins ingénieux, qui sont employés aujourd'hui, pour rendre plus facile l'importante opération du délitement, tels que filets, papier fenêtré, etc.

M. Dandolo ne parle pour cela que de petits rameaux, de l'usage du papier placé sur les claies pour recevoir la litière et de tables de transport.

Nons n'avons employé du papier sur les claies, que pour les deux premiers âges; pour les autres, il en eût trop fallu. Pour le troisième âge nous mettions une légère couche de paillle très-propre sur les claies qui sont en planches, ceci afin que les vers, encore petits, ne passassent pas à travers les joints; ensuite nous les avons posés avec le peu de rameaux ou feuille qu'on enlève toujours en même temps, sur les planches qui joignaient assez bien et que l'on avait soin de bien nettoyer avec de petits balais de thym, à mesure que l'on enlevait la litière; et au lieu de tables de transport nous nous sommes servis de simples cartons de 50 centimètres de longueur sur 35 de largeur, dont nous nous sommes bien trouvés; les vers glissaient facilement sans se blesser, sur ces cartons qui étaient transportés par des enfants; chacun prenait deux cartons à la fois. Placés sur ces cartons, les vers n'ont pas l'inconvénient d'être trop amoncelés les uns sur les autres, ainsi que cela a lieu lorsqu'on les place dans des corbeilles. L'on pourra suivre pour tout le reste l'usage ordinaire, et recourir plus tard aux filets, lorsque ce moyen, qui est bon, sera plus répandu.

Tous les auteurs que j'ai lus s'accordent pour recommander, comme condition essentielle de réussite, la plus minutieuse propreté pour les délitements, comme pour tous les soins à donner aux vers à soie. Je ne saurais assez me joindre à eux pour cette recommandation.

7° Placement de la Bruyère.

J'ai dit que les claies superposées les unes au-dessus des autres doivent être à 60 centimètres de distance; il faut donc se procurer à l'avance, pour qu'elles ayent le temps de se sécher, des petites branches de chêne vert ou kermès ou bien de bruyère ou autres espèces de bois de 70 centimètres de longueur environ, au moyen desquelles on établit des haies en forme d'arceau, à 30 ou 40 centimètres de distance l'une de l'autre, pour faciliter le moyen de donner les repas aux vers non encore prêts à monter, en même temps que les plus avancés montent.

Il est essentiel de faire bien choisir les branches dont on forme les fagots que l'on achète, afin d'éviter des rebuts et pour ne pas être exposé à manquer de bois à la fin. Je me suis bien trouvé du chêne kermès que m'a vendu un nommé Lèbre, rue d'Arles à Tarascon, à 16 francs les cent fagots rendus; 300 fagots de ceux-là m'eussent suffi; tandis qu'il m'en a fallu 400, compris 150 de ceux de Lèbre. Lesquels 400 ne m'en ont produit après avoir servi, que 260 que j'ai revendus 10 francs les 100 à un fabriquant de poterie; l'on croit dans les Cévennes qu'il ne convient pas de faire servir deux fois le bois, M. Dandolo pense le contrairé; pour moi, je crois qu'il est toujours prudent de le renouveler tous les ans.

Lorsque les branches se trouvent courtes on en met deux et même trois, en les entrelaçant. Ce travail est plus long et atteint moins bien le but.

Toute cette opération a bien son importance; on la fait fort adroitement dans les Cévennes, toujours en renouvelant le bois qui est ordinairement de la bruyère.

8° De la récolte des cocons.

Si l'éducation à été bien conduite, l'on aura des cocons propres à être livrés à l'acheteur après 7 jours, à compter du moment où les vers ont commencé de monter, attendu que dans 3 jours un bon ver à fini son cocon; l'on doit après ces 7 jours, s'empresser de les détacher du bois, et les porter le lendemain à l'acheteur; ceci afin d'éviter de la perte en poids et crainte du développement de la chrysalide.

On doit mettre de côté avec soin tous les cocons imparfaits, faibles ou tachés; non seulement ils déprécient la récolte quant à l'apparence, mais encore ils lui portent un préjudice notable en ce que les tachés salissent les autres.

9° Préparation des œufs pour l'année suivante.

Cette opération, bien que l'une des plus importantes de l'art d'élever les vers à soie, étant en général indifférente aux petits éducateurs, pour lesquels le présent rapport est principalement rédigé, puisqu'ils achètent habituellement les œufs; et les autres pouvant se procurer l'ouvrage de Dandolo, je me borne à engager ces derniers à le lire. Ils y trouveront tous les enseignements qu'ils pourront désirer, pour obtenir eux-mêmes les œufs pour l'année suivante et pour les conserver. Ce que je pourrais dire à ce sujet serait ou insuffisant ou trop long, pour les limites dans lesquelles je crois devoir me restreindre.

Je termine donc ici ce premier cadre.

CADRE N°. 2.

COMPTE DES FRAIS FAITS ET DES PRODUITS OBTENUS.

FRAIS FAITS.

FOURNITURES.

	fr.	c.	fr.	c.
OEufs 575 grammes à 4 fr. 50 cent. les 25 gr.			103	50
Feuille 22,148 k. compris 1,250 bouiGés pour compenser celle cueillie avant son entier développement, à 3 fr. les 50 k.			1,328	88
Huile 5 k. 750 gr. à 2 fr. le k.			11	50
Bois 1,658 k. à 2 fr. 70 cent. les 100 k. .			46	15
Charbon de pierre 300 k. à 2 fr. 90 cent. les 100 k.			8	70
Papier 6 k. à 0 fr. 45 cent. le k.			2	70
Paille 212 k. à 2 fr. 50 cent. les 50 k. et courtage.			10	90
Bruyère 400 fagots, (achat 70 fr. port 21 fr. 60 cent.).	91	60		
A déduire pour 260 fagots vendus après service, à 10 fr. les 100.	26	00		
Reste pour bruyère.			65	60
Total payé pour fournitures. . .			1,577	93
TRAVAUX.				
Par des personnes de Beaucaire, *savoir:* cueillette et transport de la feuille. . . .	188	40		
Placement de la bruyère.	8	30		
Décoconage.	40	65		
Journées employées à tous travaux.	156	40		
Total payé à des personnes de Beaucaire.	389	75		
Par un journalier de Valleraugue.	35	75		
Par la famille de mon associé magnanier.	176	40		
Total payé pour travaux.			601	90
FRAIS DIVERS.				
Port à Tarascon, de 3 charretées de cocons et passages du pont.			7	20
Droit du peseur, notre moitié à 1 fr. par 42 k.			12	25
Loyer de la magnanerie.			150	
Menus articles.			7	10
Total général des frais faits. . . .			2,356	38
PRODUITS OBTENUS.				
Cocons vendus à un filateur de Tarascon, 1,015 k. 500 gr. à 4 fr. 0563 le k.	4,119	20		
A déduire 1 % retenu pour le droit dit de *proportion* suivant l'usage.	41	20		
Reste pour le produit des cocons. . . .	4,078	00		
Litière vendue à un pépiniériste de Cabanes.	70	00		
Total des produits obtenus. . . .	4,148			
A déduire les frais faits.	2,356	38		
Reste en bénéfice net pour les éducateurs.	1,791	62		

Si maintenant nous comparons la quantité de feuille consommée, avec les œufs mis à couver et avec les cocons obtenus, nous reconnaîtrons que cette consommation est hors de toute proportion; en effet, nous avons établi que la feuille consommée compris les 1,250 k. bonifiés, s'élève à 22,148 k. et sans ces 1,250 k. à 20,898 k. ce qui fait 963 k. pour 25 grammes d'œufs et 21 k. 3/4 de feuille pour 1 k. de cocons. Cette consommation est exhorbitante, attendu que Dandolo ne consomme que 800 k. de feuille tirée de l'arbre pour 25 grammes d'œufs qui lui produisent 55 à 60 k. de cocons, soit environ de 14 à 15 k. de feuille pour 1 k. de cocons.

Nous nous sommes expliqué cette consommation, en songeant que nous avions beau recommander aux personnes chargées de distribuer les repas, de donner moins de feuille, nous ne pouvions pas l'obtenir; peu exercées à ce genre de travail, elles s'imaginaient que ces petits êtres confiés à leurs soins, mourraient de faim si elles ne leur donnaient pas beaucoup à manger. Nous avons considéré aussi que le froid que nous avons éprouvé en débutant et la chaleur qui est survenue au quatrième âge, nous ont porté à donner plus de feuille, suivant l'habitude des magnaniers des Cévennes, qui croient obvier à la température en donnant plus à manger aux vers. Nous avons considéré encore que le froid ayant retardé la feuille plus qu'il n'avait retardé les vers, elle s'était trouvée moins nourrissante et qu'il en avait fallu davantage. Nous avons considéré enfin, que les mûriers que nous avons dépouillés ayant souffert des inondations, ont fourni beaucoup plus de mûres que de coutume. Il y en avait dans le nombre qui donnaient presque autant de mûres que de feuille. Heureusement le prix de cette feuille, à 3 francs les 50 k., prise sur l'arbre, n'était pas élevé, vu surtout sa proximité de la ville, qui nous a mis à même de la faire cueillir à 50 centimes les 50 k., celle des gros mûriers, et à 35 centimes celle des nains.

Nonobstant cette grande consommation de feuille, l'on voit qu'il nous est resté un bénéfice net assez satisfaisant. (1791 fr. 62 cent.)

Nous avons eu, en outre, l'agrément de distribuer 600 francs à la classe ouvrière pour travaux; et d'employer pour 1300 francs de feuille qui, sans cette entreprise, aurait péri sur l'arbre, comme celle dont tant de propriétaires de Beaucaire n'ont pas trouvé l'emploi cette année.

Ainsi, nous avons fait produire au territoire de Beaucaire, les 4000 francs que nous avons retirés de nos cocons; et si nous étendons notre pensée à la filature de ces cocons, nous pouvons ajouter qu'ils produiront pour environ 6000 francs de soie; 2000 francs resteront donc encore en salaires aux fileuses de Tarascon, ou bien, en bénéfice à notre acheteur.

Nous ne pouvons pas pousser nos idées de satisfaction jusques à la fabrication des étoffes; l'on nous répondrait avec raison que le fabricant, à défaut de notre soie, aurait employé de la soie étrangère.

Il nous vient peu de cocons du dehors; mais tout le monde sait que la France est obligée de faire venir annuellement de l'étranger une quantité de soie, que l'on peut dire immense, pour alimenter son commerce ou ses fabriques, (3) circonstance qui appréciée sous un autre rapport, doit encore nous porter à nous féliciter de notre entreprise; puisque nous pouvons dire avec une vérité également incontestable, que le commerce qui établit l'équilibre partout, appellera 6000 francs de moins de soie de l'étranger; et que ces 6000 francs resteront en France; tandis qu'ils en seraient sortis.

Ceci explique au plus haut point combien la culture du mûrier et l'éducation des vers à soie est utile, non seulement au pays qui s'y livre, mais encore à l'état qui ne saurait donc assez fournir aux autorités locales, les moyens d'encourager cette culture et cette industrie, surtout dans un pays qui s'y prête avec autant d'avantage que le nôtre et où l'on s'en occupe malheureusement si peu. (4)

Des publicistes ont pensé que l'industrie trop étendue, en appelant les étrangers, pervertissait les populations; sans m'arrêter à cette grande question d'économie politique, qu'il me soit permis, dans tout les cas, de réclamer un privilége exceptionnel pour de pauvres insectes qui naissent, vivent et meurent, tout cela en deux mois, pour enrichir de leurs dépouilles, des peuples nombreux disséminés sur la surface du globe.

D'ailleurs, chacun conçoit que celui qui soigne des vers à soie, le fait ordinairement avec une affection telle que, tout occupé d'eux, il ne songe à léser ni à blesser personne.

Je termine là ce rapport que j'ai abrégé autant que je l'ai pû, en tâchant, toutefois, de n'omettre aucun des détails qui m'ont paru pouvoir faire partager mes convictions et servir au but que je me suis proposé.

Fait à Beaucaire, le 29 Août 1842.

NOTES.

(1) (*Voir page* 15.) Dandolo dit bien par quels moyens il établit cette ventilation, si importante pour un atelier de vers à soie; mais il ne dit pas quelle est la cause, c'est-à-dire, quel est le phénomène de la nature, qui produit cette ventilation.

Je vais essayer d'indiquer cette cause telle que je la comprends; afin que les personnes qui voudront rendre salubres et propres à une éducation de vers à soie, les maisons qu'elles possèdent, puissent employer les moyens qui seront le plus à leur portée.

Peu de personnes ont cherché à savoir pourquoi la flamme et la fumée s'échappent par le tuyau d'une cheminée bien construite, au lieu de se répandre dans la chambre : la cause de ce fait bien connu, une fois comprise, l'on verra qu'elle est la même que celle qui produit la ventilation dont s'agit.

Pour expliquer cette cause, nous rappellerons que l'air atmosphérique se compose de molécules pesantes, élastiques et par conséquent compressibles, et nous comparerons, pour un moment, l'atmosphère à un tas de laine isolé de toute paroi : tout le monde sait, que ce tas de laine se compose aussi de brins pesants, élastiques et compressibles, et que les couches inférieures supportant les supérieures, sont plus comprimées.

Une fois que cette comparaison, quoique un peu triviale, est admise, l'on comprend que les couches inférieures de l'atmosphère sont aussi plus comprimées que les couches supérieures; c'est pourquoi un ballon, ainsi que la fumée, arrivés à une certaine hauteur, ne peuvent plus s'élever, parce que la couche atmosphérique à laquelle ils sont parvenus, n'est plus assez comprimée pour les forcer à s'élever davantage; c'est pourquoi, aussi plus un tuyau de cheminée est élevé, mieux il fonctionne, parce que la différence de pression existant entre l'air correspondant à l'orifice inférieur et celui correspondant à l'orifice supérieur est plus grande.

On nomme condensation l'action qui augmente cette pression de l'air; et dilatation, l'action qui la diminue.

Le froid opère la condensation; le chaud opère la dilatation; ainsi, que l'on remplisse d'air une vessie, qu'on la mette ensuite en contact avec de la glace, elle semblera bientôt presque vide, tant l'air renfermé se condensera; qu'on la rapproche du feu, elle se gonflera au point d'éclater, tant ce même air se dilatera.

D'un autre côté, l'air est un fluide qui, renfermé entre des parois, tend toujours à se mettre en équilibre, c'est-à-dire, à arriver à un état égal de condensation dans toutes les parties de l'espace qui le renferme, sans égard à la position plus ou moins inclinée, de cet espace.

On ne peut pas en dire autant de la laine qui est un corps solide tel, que si on en remplit un tube, elle restera comme on l'aura placée, quelque position verticale ou horizontale qu'on donne au tube; parce que les parois soutenant les couches supérieures les empêchent de presser les inférieures.

Si donc on remplit d'air un tube vertical de 10 mètres de longueur, par exemple, et si, on ouvre ensuite ce tube aux deux extrémités, l'orifice inférieur se trouvera en contact avec un air plus condensé que celui qui correspondra à l'orifice supérieur; dès lors ces deux airs chercheront à se mettre en équilibre au moyen de ce tube de communication; par suite, la partie correspondante à l'orifice inférieur sera poussée dans l'intérieur du tube dans lequel s'établira un mouvement continuel d'ascension; et c'est dans ce mouvement que tout ce qui, sur le passage, se trouve plus léger que l'air des couches inférieures, tel que la flamme et la fumée, est entraîné par l'orifice inférieur, vers l'orifice supérieur, où l'air plus dilaté n'offre pas une résistance suffisante.

Pour se convaincre encore de l'existence de ce phénomène, il suffit de suspendre une étoffe légère qui bouche en partie l'orifice, au rez-de-chaussée, d'une cheminée, même sans feu, et l'on verra que ce léger obstacle est constamment entraîné vers le haut de la cheminée.

Aussi une cheminée ne fonctionne-t-elle que par la circulation d'air, qui s'établit de bas en haut, circulation d'autant plus réelle que, dans une incendie de cheminée, l'on voit toujours l'inflammation cesser dès le moment qu'on est parvenu à boucher hermétiquement l'un des orifices, ce qu'on obtient au moyen de forts draps ou couvertures mouillées qui interrompent la circulation de l'air.

Si maintenant nous supposons que le tuyau d'une cheminée, partant du rez-de-chaussée, arrive à une magnanerie, au premier, mieux encore à un deuxième ou troisième étage, l'air frais et plus condensé du rez-de-chaussée, ira naturellement rafraichir la magnanerie, pourvu qu'il puisse en chasser celui qui y est déjà en le forçant à s'échapper par les ouvertures ou soupiraux, qui doivent être placés, autant que possible, au faîte du toit sous lequel se trouvent les vers à soie.

Voilà le principe sur lequel repose tout système de ventilation naturelle; les personnes qui l'auront compris pourront maintenant l'appliquer comme elles l'entendront.

(2) (*Voir page* 17.) Étuve : Note de Dandolo (*page* 62.)

« L'essentiel est de faire éclore heureusement les œufs. Si » cette opération ne réussit pas parfaitement il en résulte » des maladies pour les vers, dans tout le cours de leur vie, » comme je le démontre au chap. XII.

« On a vu dans les deux dernières notes, combien il est » nécessaire de faire usage du poêle en briques, et combien » est petite la dépense pour entretenir plusieurs jours la cham- » bre chauffée.

« Ce serait donc une institution bien utile que celle d'éta- » blir dans chaque pays où on élève des vers à soie, une » étuve commune, et à côté une chambre pour y placer les » vers venant de naître, que l'on distribuerait ensuite à cha- » que propriétaire ou fermier : Ce serait un moyen plus éco- » nomique, plus sûr et bien moins embarrassant pour beau- » coup de personnes qui sont dans l'usage de faire éclore » peu d'œufs. Avec 100 francs au plus on pourrait en faire » éclore de grandes quantités. On commencerait alors à » nationnaliser, si je puis m'exprimer ainsi, cet art fonda- » teur de tant d'autres.

« Dans le cas que les communes ne voulussent pas faire » la dépense de cette misérable somme, on pourrait faire » payer aux possesseurs de la graine, une petite somme » proportionnée à la dépense faite.

« L'utilité de cet établissement serait bien plus grande, » si celui qui serait chargé de le diriger était instruit dans » l'art d'élever les vers à soie et qu'il communiquât ses con- » naissances au peuple routinier; cela diminuerait les grandes » pertes auxquelles son ignorance l'expose.

« S'il y a toujours eu des apôtres pour propager tous les

» genres de charlatanisme et d'erreurs, pourquoi ne pourrait-» il pas y avoir des hommes bons, éclairés et animés de » l'amour de leur patrie, qui s'intéressassent à la culture de » cet art, si propre à nous rendre riches et heureux?

« Si je m'exprime de la sorte, c'est dans l'espoir de voir » s'élever sur divers points, des citoyens estimables qui pro-» tégeront l'institution que je propose, et qui en seront ré-» compensés par les bénédictions de leurs contemporains et » de la génération future. » (*)

Le traducteur ajoute, « ce que dit l'auteur me fait naître » l'idée que, dans les départements où on élève des vers à » soie, les conseils généraux pourraient, dans les assemblées, » proposer au gouvernement, comme moyen d'augmenter » l'industrie, d'adapter dans chaque commune un local exprès, » tel que le décrit l'auteur, pour faire éclore les œufs en » commun. On ne peut pas douter que ce moyen ne contri-» buât beaucoup à diminuer les pertes des récoltes des co-» cons, qui ont souvent lieu. »

(*) M. Frédéric de Boullenois, secrétaire de la société séricicole de Paris, vient de publier une brochure, intitulée : *Conseils aux nouveaux éducateurs de vers à soie*, où se trouvent au bas de la page 96, ces mots : « Il serait à désirer que, dans les cantons » séricicoles où les éducations sont très-divisés, il se fondât des » étuves publiques dans lesquelles, moyennant une faible re-» devance, chacun pût faire éclore sa graine dans de bon-» nes conditions. »

(3) (*Voir page* 33.) Le tableau décennal du commerce de la France avec les colonies et les puissances étrangères pendant les 10 années 1827 à 1836, présente pour les quantités de soie importées en France, SAVOIR :

	Quantités importées en France.	**Valeurs.**
Soies non ouvrées. . . .	16,839,147 k.	733,892,169 fr.
id. ouvrées. . . .	2,143,690 »	231,642,632 »
Total des dix années.	18,982,837 k.	965,534,801 fr.
Soit moyennement par année.	1,898,284 »	96,553,480 »

(4) (*Voir page* 34.) Un habitant de Beaucaire, M. César Blaud a publié en 1837, sur la culture du mûrier, qu'il appelle avec beaucoup de raison *l'arbre d'or*, quelques pages pleines de sens et de vérité. Il est à regretter que ses bons avis n'aient pas été pris jusques à présent, en plus grande considération : *mais à quoi bon s'occuper de la culture des mûriers dans un pays, si l'on doit y négliger l'éducation des vers à soie.*

P. S. J'allais livrer cette brochure à l'imprimeur au moment où je reçois le bulletin du mois d'octobre dernier de la société centrale d'agriculture et des comices agricoles du département de l'Hérault. Société qui ne cesse de remplir sa haute mission en propageant avec autant de zèle que de discernement, les meilleurs principes agricoles.

Je trouve dans ce bulletin *page* 391, précisément sur l'éducation de vers à soie, un passage que je vais transcrire ici littéralement, tant il me paraît frappant d'intérêt et d'à propos. Il est dans un long et précieux rapport de M. Pigeaire, membre honoraire de la Société et ancien secrétaire, *je copie :*

« La France qui, en Europe, devrait être la terre classique » de l'éducation des vers à soie, exporte encore chaque année, » 65 millions d'argent (*) pour l'achat des soies étrangères. Si » la culture du mûrier était mieux connue, mieux appréciée » et par conséquent plus répandue, l'agriculture française » pourrait au contraire exporter pour 65 millions de soie ré- » coltée sur notre sol; il en résulterait une différence de 130 » millions en faveur de la richesse publique. Comment se fait- » il que l'éducation des vers à soie soit négligée dans des » pays où elle serait si prospère?

(*) Ce chiffre de 65 milllions ne s'accorde pas avec celui de 96,553,480 francs porté par la note troisième qui précède. La différence doit provenir de ce que ce dernier comprend la soie entrée en France et réexpédiée sans payer des droits : dans ce cas ce dernier chiffre serait néanmoins celui à considérer; attendu que si la France produisait suffisamment, elle expédierait des soies du pays, au lieu de réexpédier des soies venues de l'étranger.

« Ce n'est pas la petite culture qui peut s'occuper de plan-
» tations de mûriers; mais dans les grands domaines, mais
» sur les propriétés communales où l'on a le temps et les
» moyens d'attendre que les mûriers donnent beaucoup de
» feuille, on devrait, surtout dans le midi de la France et
» sur des terrains d'alluvion, voir de nombreuses plantations
» d'un arbre dont la culture est si avantageuse. Un hectare
» de terrain complanté en mûriers soit à plein vent, soit à
» mi-tige ou en mûriers nains, lorsque cette plantation est
» bien faite et bien soignée, donne au bout de dix ou douze
» ans, un produit annuel en feuille, de 1000 à 1,200 francs.»

Mais pour cela, je le répète, il faut que l'on sache élever les vers à soie dans le pays.

Quant aux plantations de mûriers, les moyens de les multiplier et de les propager sont immenses, surtout dans le midi de la France, ou des pépinières fort étendues ont été créées; et sous ce rapport, je citerai plus particulièrement l'établissement de MM. Audibert frères, à Tonelle, près Tarascon, Bouches-du-Rhône, où l'on trouve les collections les plus complettes de ces arbres, au nombre de plus de 250 espèces ou variétés diverses, soit en écoles pour l'étude comparée des meilleures variétés, soit en pépinières. (*)

(*) Indépendamment de cette grande multiplication de mûriers, l'on trouve encore dans ce vaste établissement :
1950 espèces ou variétés d'arbres fruitiers.
3550 id. id. d'arbres ou arbustes de pleine terre.
1000 id. id. de plantes d'orangerie et de serre.
2000 id. id. de plantes vivaces d'agrément ou d'utilité, des collections de graines, de plantes potagères, économiques et d'agrément.

Je me félicite aussi de recevoir à temps pour en faire mention, le bulletin de février 1843 de la Société libre d'agriculture du Gard, au commencement duquel se trouve l'avis suivant qui prouve combien cette Société s'attache, comme celle de l'Hérault, a exciter l'émulation des éducateurs de vers à soie. *Je copie :*

PRIMES D'ENCOURAGENENT POUR LES PETITES ÉDUCATIONS DE VERS A SOIE.

« Dans le courant du mois d'août 1843, la Société d'agri-
» culture du Gard distribuera une somme de 600 francs en
» primes graduées depuis 10 francs jusqu'à 50 francs, aux
» personnes habitant le département, qui auront fait avec
» le plus de succès une petite éducation de vers à soie. La
» quantité d'œufs à élever devra être de 15 grammes au
» moins et de 100 grammes au plus.

» Les primes varieront dans les limites ci-dessus indi-
» quées, afin qu'on puisse les proportionner aux procédés
» employés et aux résultats obtenus. Seront préférées, tous
» autres droits égaux, les personnes qui auront fait ces édu-
» cations dans les communes du département où elles ne
» sont pas en usage. Des médailles en bronze pourront,
» s'il y a lieu, être ajoutées aux primes annoncées.

» Les demandes, devant être soumises aux délibérations
» de la Société d'agriculture dans les premiers jours du mois
» d'août, seront adressées, avant le 30 juillet 1843, à M.
» G. de Labaume, président de la Société d'agriculture, à
» Nismes. Elles contiendront la relation détaillée de l'éduca-
» tion, le poids exact de la graine, celui des cocons qu'elle

» aura produits, le poids de la feuille consommée, le nom-
» bre de jours qu'aura duré l'éducation, et les procédés qui
» auront été employés, quelle que soit leur simplicité.

» Tous les faits devront être attestés par le maire, ou
» adjoint, ou le premier Conseiller Municipal de la com-
» mune, et, autant que possible, par un membre de la
» Société d'agriculture du Gard. »

Vient ensuite un excellent rapport de M. G. de Labaume, président, où se trouvent des passages que je m'empresse également de transcrire, persuadé qu'ils ne peuvent être assez répandus; surtout à cause de la sage modération que cet agriculteur, habile autant que zélé, prescrit, tant pour les éducations que pour les plantations, que l'on serait tenté d'établir sur une trop grande échelle, et sans distinction de localités.

Ce rapport commence par ces lignes.

« Le seul moyen rationnel de développer l'industrie sé-
» ricicole qui, jusqu'à aujourd'hui, répand l'aisance et le
» bien-être partout où elle fleurit, c'est d'encourager les
» petites éducations de vers à soie. »

Monsieur de Labaume dit : avec la même raison. « Plan-
» tez des mûriers, si vous voulez, puisque cet arbre, béni
» du ciel, est encore productif; mais je vous invite à la
» modération, en cela comme en toutes choses. Étudiez votre
» position, les localités qui vous environnent, la nature de
» vos terrains; voyez quels sont ceux qui paraissent le plus
» propres à cette culture, et ceux qui admettraient avec

» avantage des cultures moins hasardeuses, et ne plantez
» pas indifféremment les uns et les autres, par cela seul
» que le vent de la mode a tourné aux mûriers. »

Enfin, ce rapport qu'il faudrait copier en entier, si l'on voulait transmettre toutes les grandes vérités qu'il renferme, est terminé par ces mots. « A chacun son œuvre : que le
» propriétaire produise la feuille ! que le magnanier la con-
» vertisse en cocons ! que le filateur en fasse de la soie ! »

Le Propagateur de l'industrie de la soie en France, journal mensuel rédigé à Rodez sous la direction de M. Amans Carrier, dont les lumières et le zèle infatigable pour la recherche et la publication de tout ce qui intéresse ce genre d'industrie, sont au-dessus de tout éloge, indique dans le cahier de décembre dernier page 194, un moyen recueilli dans une leçon de M. le professeur Robinet, que j'ai eu déjà le plaisir de citer page 21, le moyen suivant de détruire les rats dans les magnaneries.

« L'arsenic, *dit-il*, et la noix vomique empoisonneraient
» bien, mais les rats ne touchent guère ou même pas du
» tout aux boulettes dans lesquelles ou a fait entrer ces poi-
» sons. Aussi nous nous empressons de faire connaître une
» autre *mort aux rats*, employée en Angleterre, et probable-
» ment aussi en France par ceux qui connaissent ses
» bons effets.

« C'est le *carbonate de baryte naturel*, réduit en poudre
» très-fine. Cette substance empoisonne très bien les rats et
» les souris, qui mangent sans défiance les boulettes ou pâ-
» tées dans lesquelles on en a mêlé. On trouve cette ma-

» tière chez les droguistes sous la forme d'une pierre blanche,
» demi-transparente ou en poudre; elle est très-pesante,
» au point qu'on pourrait croire que c'est un métal.

« On devrait sans doute en faire entrer 50 à 60 grammes
» dans un demi-kilogramme de pâtée.

« C'est dans une leçon de M. Robinet que nous avons
» recueilli ces détails qui sont peut-être de nature à inté-
» resser les magnaniers et les filateurs. »

FIN.

AVIS.

L'auteur ayant rempli les formalités nécessaires pour la publication de la présente brochure, poursuivra suivant la loi tout vendeur d'exemplaires qui ne seraient pas revêtus des cachet et paraphe, posés ci-après.

TABLE.

BIBLIOTHEQUE ROYALE

www.ingramcontent.com/pod-product-compliance
Ingram Content Group UK Ltd.
Pitfield, Milton Keynes, MK11 3LW, UK
UKHW022142190726
13855UKWH00003B/1301